ABHANDLUNGEN DER DEUTSCHEN AKADEMIE
DER WISSENSCHAFTEN ZU BERLIN

Klasse für Chemie, Geologie und Biologie

Jahrgang 1957 Nr. 4

LOUIS BOUGNERES und WINFRIED REMY

MITTEILUNG ÜBER DIE SPOREN VON ZYGOPTERIS SP.

(?Z. pinnata Gr.'Eury; ?Z. cornuta Zeiller)

Mit 1 Tafel und 2 Tabellen

AKADEMIE-VERLAG · BERLIN

1957

(Aus der „Arbeitsstelle für Paläobotanik und Kohlenkunde“)

Vorgelegt von Hrn. Noack in der Gesamtsitzung vom 7. März 1957
Zum Druck genehmigt am gleichen Tage, ausgegeben am 27. August 1957

Erschienen im Akademie-Verlag GmbH, Berlin W 8, Mohrenstraße 39
Lizenz-Nr. 202 - 100/520/57
Satz, Druck und Bindung: IV/2/14 - VEB Werkdruck Gräfenhainichen - 771
Bestell- und Verlagsnummer: 2001/II/57/4
Preis: DM 1,70
Printed in Germany

MITTEILUNG ÜBER DIE SPOREN VON ZYGOPTERIS SP.

Während des VIII. Internationalen Botanikerkongresses in Paris (1954) kamen wir bei Unterredungen über die Flora des Stefan und Rotliegenden im Zentralmassiv auf einige recht gut erhaltene fertile Farne aus Bohrungen im Zentralplateau zu sprechen. Wir kamen überein, die von Herrn Bougneres gefundenen Sporangien von *Zygopteris* sp. gemeinsam auf Sporen zu untersuchen. Die ersten Untersuchungen und eine Probemazeration wurden uns durch freundliches Entgegenkommen des Ing. en chef du Sce de la Géologie, Charbonnages de France, Herrn Monomakhoff, in Paris ermöglicht. Wir danken Herrn Monomakhoff auch für die Erlaubnis, daß wir die Arbeit veröffentlichen dürfen.

Die vorliegenden nur fertilen Teile von *Zygopteris* sp. sind nicht als zusammenhängendes Wedelstück, sondern in Form von zerstreut liegenden Sori erhalten (Taf. 1, Abb. 1). Die Sori, die durch die Struktur ihrer Sporangien sehr gut kenntlich sind, liegen verstreut auf dem Bohrkern. Sie sind sehr gut erhalten und haben vor allen Dingen eine dicke Schicht kohliger Substanz. Die Sporangien stehen jeweils zu 6 bis 8 (evtl. mehr) zusammen. Der auf der Außenseite verlaufende Ring ist sehr klar zu erkennen und etwa 4—5 Zellen breit (Taf. 1, Abb. 2—5). Die Sporangien sind nur basal evtl. mit ganz kurzen Stielchen vereinigt, so daß sie auf die gesamte Länge frei sind. Die Länge der einzelnen Sporangien beträgt 3—4 mm bei 1 mm Breite. Die Sporen, die bei der Mazeration mit Schulze'schem Gemisch gewonnen wurden, sind mehr oder weniger rund und lassen eine klar ausgeprägte Y-Marke erkennen. Da die Sporangien anscheinend noch nicht alle völlig reif waren, hängen die Sporen teilweise noch stark aneinander. Die Abb. 6 auf Tafel 1 zeigt den zusammenhängenden Inhalt eines isolierten Sporangiums. Die als Ganzes gewonnene Sporenmasse hat gurkenförmige Gestalt entsprechend der Form der Sporangien. Wie aus den Abb. 7—10 auf Tafel 1 hervorgeht, sind die (1000fach vergrößerten) Sporen in der Regel mehr oder weniger gleich groß (vgl. aber Tabelle 1), was darauf schließen läßt, daß die Sporangien, aus denen diese Sporen gewonnen wurden, nicht völlig unreif gewesen sein können. Daß die Sporen schon recht reif waren, läßt sich auch daraus ersehen, daß der Inhalt einiger Sporangien ohne große Gewaltanwendung in Einzelsporen zerfiel.

Der Durchmesser der Sporen variiert etwas. Die Tabelle 1 gibt am besten Auskunft über die Größenmaße der Sporen.

Tabelle 1

Maße der Sporen µ	Maße der Y-Strahlen µ	Maße der Sporen µ	Maße der Y-Strahlen µ
85 : 85	25 : 25 : 25	77 : 70 mehrfach gemessen	— — —
85 : 75	35 : 20 : 20	75 : 75	— — —
80 : 80	20 : 20 : 20	75 : 70	— — —
80 : 75	20 : 18 : 18	65 : 65	20 : 20 : 20
80 : 70 mehrfach gemessen	— — —	60 : 55	— — —

Die Sporen haben eine rauhe Umrißlinie, d. h., sie sind deutlich granuliert bzw. mit kleinen Warzen (Verrucae) besetzt. Die Granulierung ist auch von verwandten Formen bekannt (R. und W. REMY 1955). Die Grana bzw. Verrucae sind etwa so lang wie breit (Länge im Durchschnitt 1,5—2 μ) und in der Aufsicht polygonal begrenzt. Sie sind oben z. T. abgerundet, z. T. abgeflacht und stehen so dicht, daß sie sich an der Basis gegenseitig fast berühren. In der nächsten Nähe der Y-Marke sind die Grana bzw. Verrucae etwas kleiner als auf dem übrigen Sporenkörper (Taf. 1, Abb. 7 und 8). Sekundärfalten kommen häufiger vor, zeigen aber keine besondere Regelmäßigkeit in ihrem Verlauf zum Sporenkörper.

Für die Länge der Verrucae gelten die folgenden Beispielswerte:

Maße der Verrucae μ	Maße der Sporen einschließlich der Verrucae μ
1 —1,5	65 : 65
1,5—2	85 : 75

Die von uns aus den Sporangien gewonnenen Sporen erinnern an das Formengenus *Verrucosisporites*, wie es bei R. POTONIÉ und G. KREMP 1955 im morphographischen System definiert ist. Das negative Reticulum ist klar zu erkennen; sein Vorhandensein geht aus der Umrißlinie hervor (Taf. 1, Abb. 7—10).

Was die systematische Zugehörigkeit der von uns untersuchten Sporangien betrifft, so gehören sie wohl ohne Zweifel zu der Gattung *Zygopteris*.

Zu einem näheren Vergleich kommen Z. (*Schizopteris*) *pinnata* (GR. 'EURY) ZEILLER (= *Schizostachys frondosus* GR. 'EURY) und *Z. cornuta* ZEILLER in Frage.

GR. 'EURY bringt 1877 keine Größenangaben der Sporangien, er sagt auch nichts über ihre Anzahl pro Sporangienstand (Sorus) und teilt über die Sporen nur mit, daß diese etwa $^1/_{10}$ mm im Durchmesser seien.

ZEILLER macht 1888 für die Sporangien von *Zygopteris pinnata* Größenangaben und teilt auch einiges über die Anheftungsweise mit. 1892 stellt er *Zygopteris cornuta* auf und vergleicht diese mit *Z. pinnata*. Als Unterschiede, soweit sie die Sporangien betreffen, gibt ZEILLER an, daß die Anzahl der Sporangien bei *Z. cornuta* größer sei als bei *Z. pinnata* und daß die

TAFELERKLÄRUNGEN

Abb. 1—10. *Zygopteris* sp. (*?pinnata* GR. 'EURY; *?cornuta* ZEILLER).

Abb. 1. Ausschnitt aus dem Bohrkern mit verstreut liegenden Sporangien und Sporangienständen. Nat. Gr.

Abb. 2. Vergrößerter Sporangienstand. 8fach vergr.

Abb. 3—5. Stärker vergrößerte Ausschnitte aus Abb. 1, mit deutlicher Zellstruktur der Annuli. Etwa 20fach vergr.

Abb. 6. Ausschnitt aus einem noch nicht vollständig durchmazeriertem Sporangium. Etwa 250fach vergr.

Abb. 7—10. Sporen 1000fach vergr. Man beachte die verschiedene Ausbildung der Verrucae, die in Abb. 8 zum größten Teil abgeflacht, in Abb. 10 grob gerundet sind, während sie bei Abb. 9 relativ spitz enden können.

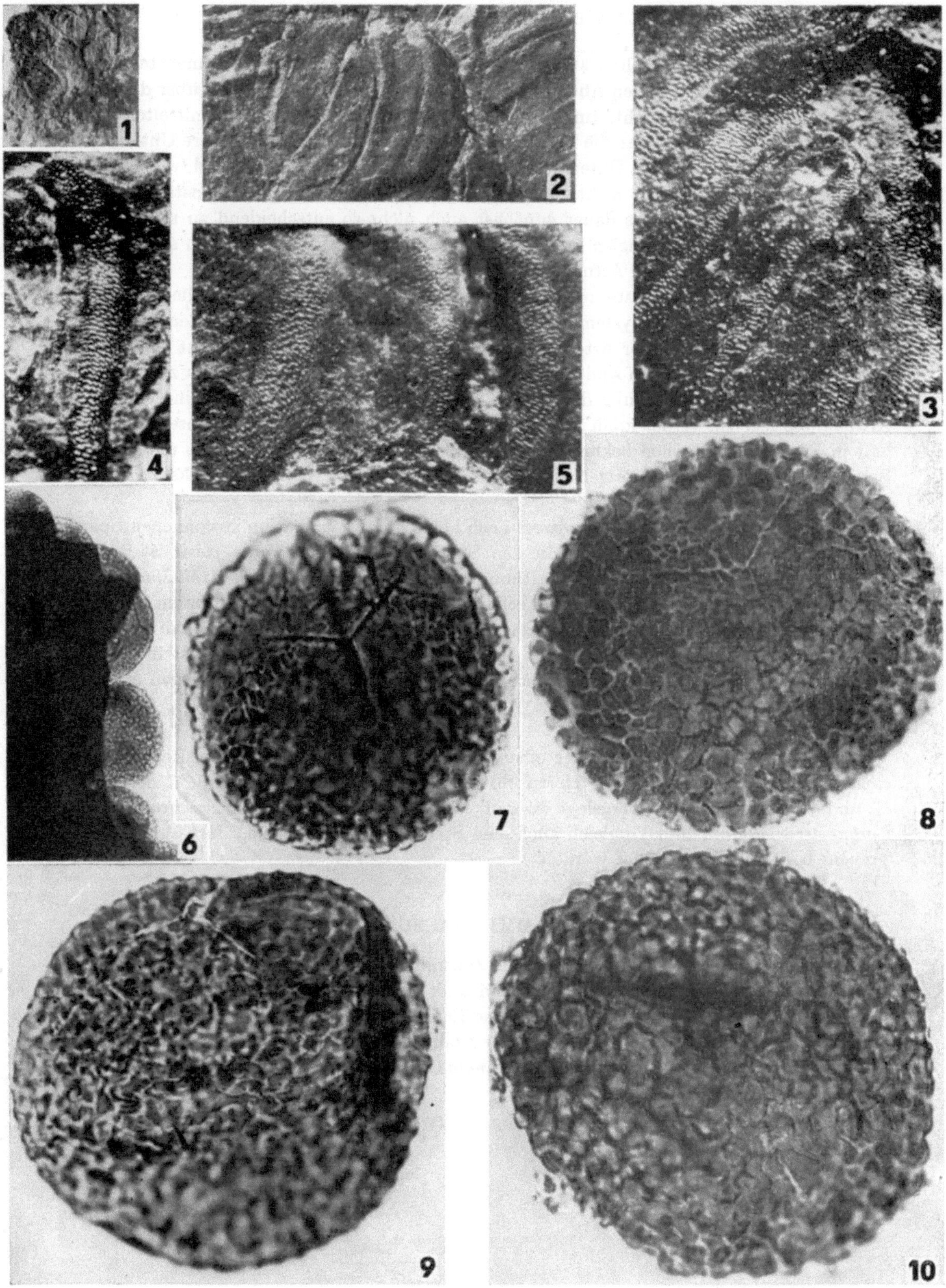
1
2
3
4
5
6
7
8
9
10

Sporangien bei *Z. cornuta* dichter ständen. In der Tabelle 2 wird eine Zusammenstellung der Textangaben sowie der aus den Abbildungen zu entnehmenden Einzelheiten über die beiden Arten von *Zygopteris* gebracht. Im Vergleich dazu werden die von uns ermittelten Werte gegeben (Tabelle 2). Wenn man die Tabelle 2 vergleicht, ergibt sich, daß faßbare Unterschiede nach den bisher vorliegenden Untersuchungen wohl nur dann vorhanden sind, wenn größere Wedelstücke vorliegen und nicht nur Einzelsporangien bzw. Sporangienstände wie in unserem Fall. Es scheint uns daher zunächst auch nicht so entscheidend zu sein, daß die von uns vorliegenden Sporangien größer als die in der Literatur angegebenen sind; es muß sich dabei keinesfalls um ein Artmerkmal handeln.

Da keine sterilen Wedelreste auf dem Bohrkern gefunden wurden und die Sporangien nicht mehr an einem Achsensystem ansitzen, ist die Artbestimmung nicht eindeutig möglich. Sporangien und Sporen dieser Arten sind bisher noch nicht speziell untersucht worden. Die Angaben über die Sporangien sind sowohl bei GR. 'EURY als auch bei ZEILLER z. T. so zweideutig, daß ohne Untersuchung des Originalmaterials für unsere Stücke keine endgültige Artdiagnose gegeben werden kann. Das Originalmaterial haben wir leider bei unserem Aufenthalt in Paris nicht zu sehen bekommen. Wir schlagen daher vor, die von uns untersuchten Sporangien und die dazugehörigen Sporen als *Zygopteris* sp. (?*pinnata* GR. EURY; ?*cornuta* ZEILLER) zu bezeichnen.

Bisher sind von der Gattung *Zygopteris* noch keine durch Mazeration gewonnenen Sporen beschrieben worden. Ein Vergleich mit den Sporen der Gattung *Corynepteris* ist insofern recht interessant, als eine große Übereinstimmung mit denen von *Corynepteris silesiaca* R. und W. REMY (1955) zu erkennen ist. Aus echt versteinertem Material sind Sporen von mehr oder weniger verwandten Arten von RENAULT abgebildet worden, die, wenn man die Untersuchungsmethode berücksichtigt, — das Material war echt versteinert und ist in Schliffen untersucht worden — generell Übereinstimmungen mit unseren Untersuchungen erkennen lassen.

Die Untersuchungsergebnisse über einen fertilen und gut mazerierbaren Rest von *Pecopteris unita*, der ebenfalls von Herrn BOUGNERES gefunden wurde, sind in der Arbeit R. und W. REMY (1955) niedergelegt worden. In dieser Arbeit ist bei der Beschreibung von *Corynepteris silesiaca* zum Vergleich auch eine Spore von *Zygopteris* sp., dort als *Zygopteris pinnata* bezeichnet, abgebildet worden.

ZUSAMMENFASSUNG

Auf einem Bohrkern aus dem französischen Zentralmassiv wurden gut erhaltene Sporangien von *Zygopteris* sp. gefunden. Die Sporangien und besonders die Sporen wurden einer eingehenden Untersuchung unterzogen. Da keine Laubreste gefunden wurden und die Bestimmung nur an Hand der Sporangien und der Sporen z. Z. noch nicht einwandfrei möglich ist, wird das Material als *Zygopteris* sp. (?*pinnata* GR. 'EURY; ?*cornuta* ZEILLER) bezeichnet.

Tabelle 2

	Zygopteris pinnata (= *Schizostachys frondosus* = *Androstachys frondosus*)	*Zygopteris cornuta*	*Zygopteris* sp. (Stück aus dem Zentralplateau)
Grand Eury 1877 S. 201—202 Taf. 17, Fig. 3, 3a—3d	Sporengröße etwa 100 μ, Sporen nicht glatt. [Sporangien: Länge 4,5—5 mm, Durchmesser 1 mm, Anordnung nicht fingerförmig, sondern z. T. ährenförmig. Sporangien frei, basal $\pm$ eingezogen. Annulus nicht erkennbar.][1][2]		
Zeiller 1888 S. 77—83 Taf. 32, Fig. 5, 5a—5b, 6	Sporangien: Länge 1,5—3 mm, Durchmesser 0,5—1 mm, Anordnung zu 3—10 auf kürzeren oder längeren Stielchen [Sporangien $\pm$ ungestielt, fingerförmig ansitzend][1] Annulus aus mehreren Zellreihen. [Annulus 3—4 Zellen breit.][1]		
Zeiller 1892 S. 54 Taf. 9, Fig. 5, 6, 6a, 6b	Fiedern entweder rein fertil oder nur mit Laub besetzt	Sporangien: Länge 2—3 mm, länglich- eiförmige Kapseln [Durchmesser 0,6 mm][1] Anordnung zu 6—12, kurz gestielt, zahlreicher als bei *Z. pinnata*. [Auf einem gemeinsamen breiten Stielchen fingerförmig ansitzend, Einzelsporangien $\pm$ ungestielt.][1] Annulus mehrere Zellreihen breit [Annulus 8 und mehr Zellen breit][2] .Fiedern der unteren Hälfte steril, darüber fertil.	
Renault 1902 S. 3	Sporengröße 80—90 μ[3]	Sporengröße 80—90 mm[3]	
Bougneres und Remy 1957			Sporangien: Länge 3—4 mm, Durchmesser 1 mm, Anordnung 6—8 auf einem gemeinsamen Stielchen. Sporangien $\pm$ ungestielt. Annulus 4—5 Zellen breit. Sporengröße 60—85 μ

[1] Den Abbildungen entnommene Angaben sind in [ ] Klammern eingefügt.

[2] Die ursprünglich von Grand Eury gegebenen Abbildungen sind für einen Vergleich wenig brauchbar, die Sporangien scheinen danach ziemlich regellos und $\pm$ einzeln inseriert anzusitzen. Zeiller 1888 bildet auf Tafel 32 sehr gutes Material ab.

[3] Renault drückt sich 1902, S. 3 nicht ganz eindeutig aus. Er schreibt: „Elle contient un nombre considérable de spores; ces spores mesurent 60 à 70 μ chez les *Botryopteris*, 80 à 90 μ chez les *Zygopteris* dans les deux genres; . . .“

LITERATUR

Gr. 'Eury, C., Mémoire sur la flore carbonifère du département de la Loire et du centre de la France. Mém. Acad. Sci. *24*, 1, 1877.

Hirmer, M., Handbuch der Paläobotanik. Bd. I. München und Berlin 1927.

Potonié, R. und G. Kremp, Die *Sporae dispersae* des Ruhrkarbons, ihre Morphographie und Stratigraphie mit Ausblicken auf Arten anderer Gebiete und Zeitabschnitte. Teil I. Palaeontographica *98*, Abt. B, Stuttgart 1955.

Remy, R., und W., Mitteilungen über Sporen, die aus inkohlten Fruktifikationen von echten Farnen des Karbon gewonnen wurden. Teil I. Abh. Deutsch. Akad. Wiss. Berlin, Kl. f. Chem., Geol. u. Biol., Jahrg. 1955, Nr. 1, 41—47, Berlin 1955.

Renault, B., Recherches sur la fructification de quelques végétaux provenant des gisements silicifiés d'Autun et de Saint-Étienne. Ann. Sci. Nat. 6. Ser., Bot. T. 3, 1876.

Renault, B., und R. Zeiller, Etudes sur le terrain houiller de Commentry, Flore fossile. 1. Teil von R. Zeiller, St.-Étienne 1888.

Renault, B., Note sur quelques micro et macrospores fossiles. Bull. Soc. D'Hist. Nat. D-Autun, T. 15, 1902 Autun.

Zeiller, R., Flore fossile. I. Etudes sur le terrain houiller de Commentry, Saint-Étienne 1888.

— Bassin houiller et permien de Brive. II. Flore fossile. Etud. Gît. Min. France, Paris 1892.

Photos von W. Remy.

Die Sporenpräparate zu dieser Arbeit werden in der Arbeitsstelle für Paläobotanik und Kohlenkunde der Deutschen Akademie der Wissenschaften zu Berlin aufbewahrt.

Bei Fragen zur Produktsicherheit wenden Sie sich bitte an:
If you have any questions regarding product safety,
please contact:

Walter de Gruyter GmbH
Genthiner Straße 13
10785 Berlin
productsafety@degruyterbrill.com